U0076175

10分鐘OK！輕鬆做出暖心又暖胃の湯便當

朝10分でできる スープ弁当

有賀薰・著

林萌・譯

一碗湯就能滿足心靈與肚子

開始動手做湯便當吧！

你是否常常在想：「午餐要吃什麼好呢？」

不管是買回來或是到外頭吃，是不是通常都是很快速地就吃完了呢？但午餐其實是一天的重心，所以更應該要吃好吃飽才對。

湯便當將會成為改變你午餐的新習慣，只要切一切煮滾，早上十分鐘就能輕鬆完成。

只要有一個燜燒罐，中午也能喝上一碗熱熱的湯。放了許多食材的「吃的湯」，已頗有分量，若再加上小飯糰或是麵包，更能讓肚子有飽足感。

肉類與蔬菜都能夠攝取完整，既健康又好吃，且便宜。因為是自己動手做，不管是調味上或是食材的使用都可以按照自己的喜好，加上食材的挑選，更能輕鬆地管理營養。

從今天開始，一起動手做讓心靈與肚子都能獲得滿足的湯便當吧！

就能完成湯便當！

1. 煮滾

食譜的基本就是將食材、水、調味料一起丟到小鍋子裡，「沸騰=煮滾」一次就完成了。不需要麻煩地煮高湯！也不用同時料理其他食物。因為這是在忙碌的早上，不需要麻煩的步驟，迅速就能完成的湯便當食譜。

2. 倒入燜燒罐

倒入之前請先預熱燜燒罐（P13）。湯品完成後，請先用長筷子或是長柄湯匙將食使用燜燒罐，簡單！

早上10分鐘

材移至燜燒罐後再倒入湯汁，如此便能漂亮地將湯品從小鍋子移入燜燒罐內，最後請不要忘記把大塊的食材放到最上方，這樣打開蓋子時就能看到湯便當好吃的樣子。

3. 等到中午即可！

燜燒罐人氣的秘密，除了有高保溫力可以讓大家吃到熱騰騰的食物之外，還可以利用到中午的這段時間，讓裝在裡面的食材利用餘熱「保溫烹煮」，湯便當裡面的食材越多的話，中午也能吃很飽。拿來做空間有限的便當最適合了。

目錄

PART 1 秋冬の湯便當

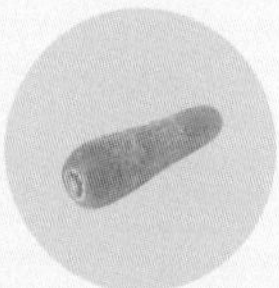

【小松菜】

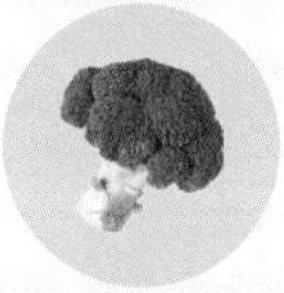

【綠花椰菜】

【長蔥】

【香菇】

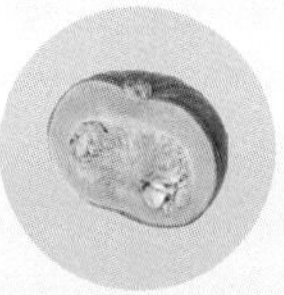

【南瓜】

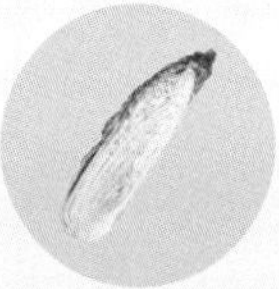

【白菜】

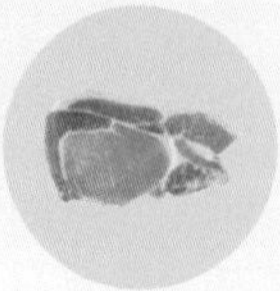

PART 2 春夏の湯便當

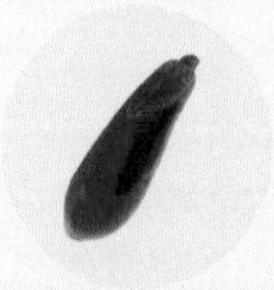

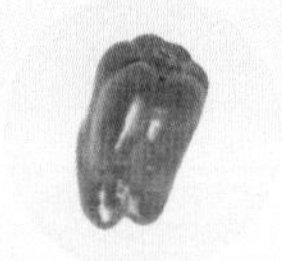

なめこ

ミートソース

一人份也很美味！

湯便當的秘訣

用燜燒罐做的湯品與一般的湯有些不同，首先，這是一人份的少量食譜。大部分的食譜都能在10分鐘以內完成，食材豐富又有飽足感。

再者，燜燒罐能按食材、調味的組合以及加熱的過程，將食材的美味導引出來，即使放置一些時間依舊可以品嘗其中美味。為了做出高滿足度的「湯便當」，這邊要介紹湯便當食譜的三個共同重點。

一個燜燒罐，食材豐富！「吃」蔬菜的概念

普通的便當通常會做好幾樣小菜來裝，但是湯便當只要做一樣就好。想要好好品嘗當季蔬菜可以將蔬菜切大塊，即使加熱後體積會稍微縮小一些，依舊能大口大口地咀嚼，填飽肚子。

放入燜燒罐內的食材分量大約是一個拳頭大小（裝滿一個杯子）。蔬菜很多是重點。

利用炒或蒸煮
可以在短時間內帶出鮮味

本書食譜所使用的食材較少，每個食譜的食材只有2~3種，其他只有調味料與水而已。因為沒有複雜的烹煮方式，所以吃的都是食材原有的味道。用油稍微拌炒，加入少許的水之後蓋上鍋蓋蒸煮，便能煮出濃郁的鮮味。

以最低限度增減水量，感覺就像是醬汁稍多的「燉煮」，更能確實留住鮮味。

因為想要簡單完成
所以不使用高湯塊

本書食譜不使用雞湯塊或是其他高湯塊也沒有關係。利用食材以及調味料的美味便能做出令人滿足的味道，而且是毫不費工地完成。有時候也會使用昆布或是香菇等鮮味較強的食材（P78）來讓湯品更加鮮甜。

不管是味噌湯或是西洋風湯品，昆布都是其中要角。將昆布剪成小塊，除了更能煮出鮮味之外，也方便食用。

不只是熱騰騰！燜燒罐的優點

1 可以「保溫烹煮」！

事先預熱，再將剛煮好的湯品倒入燜燒罐，就能達到「保溫烹煮」的效果。不需要長時間用鍋子烹煮，只要花上幾分鐘待湯品煮滾後再倒入燜燒罐，湯便當就完成了。

2 可以確實密封

燜燒罐的蓋子有內外兩層，特徵是除了能確實密封之外也容易打開。另外，廣口的設計易於細部的清洗，完全不用擔心衛生問題。

3 到中午為止都能維持保溫狀態

依據熱水瓶的構造，保溫效果可長達6個小時。而燜燒罐可以讓早上做好的湯品直到中午依舊保持熱度。

4 米飯或義大利麵都可以使用！

除了湯品外，也可以做燉飯或粥。即使是生米或是乾燥的短義大利麵也沒問題，只要與煮滾的湯品一起倒入燜燒罐中就能輕鬆完成。

保溫的秘訣

倒入熱水預熱！

將完成的湯品倒入燜燒罐之前，請先打開蓋子，將熱水倒入燜燒罐裡，讓燜燒罐確實預熱。

將燜燒罐包起來！

如此更能提高保溫效果，推薦使用斷熱素材做成的專用保溫袋。即使只用毛巾包住燜燒罐，保溫效果也會不一樣。

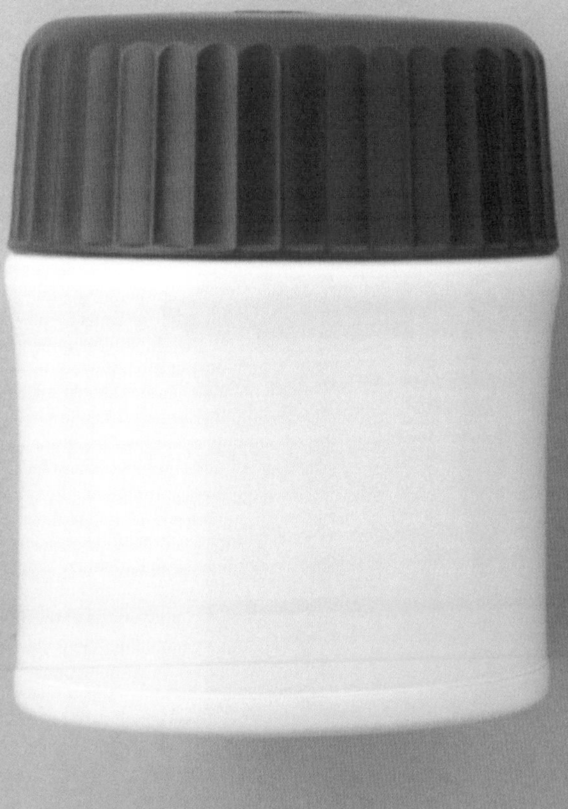

＊燜燒罐的保溫功能、注意事項等因製造廠商不同會有所差異，請事先確認使用說明書。

食譜的規則與注意事項

- 本書的湯品預設早上製作、午餐食用，請於做好後6小時內吃完，若超過6小時，湯品可能會變冷，也可能會有腐敗變質的狀況發生。

- 微波爐的加熱時間是以600W為基準而定的時間。若是500W的話，加熱時間請乘以1.2倍。由於機種不同會有誤差的狀況發生，請調整後再加熱。

- 單位換算：1大匙=15ml、1小匙=5ml、一小撮=0.9g。

- 調味料：鹽是食鹽（精製鹽），1小匙=6g。若使用天然鹽，1小匙是5g，單位分量上有些微不同，請調整。

- 本書為了讓讀者能夠清楚看見內容物，拍攝時倒入了較多的湯，實際料理時，請按照本書內的文字說明來進行，避免倒入過多的湯。湯放得過多的話，除了蓋上蓋子的時候容易溢出，蓋子也可能蓋不緊。另一方面，若放的湯過少，燜燒罐裡的溫度容易變低，因此容量的調整是非常重要的，請小心執行。

- 燜燒罐不可以直接放進微波爐內。另外，燜燒罐的罐子本身也不能放入洗碗機中洗淨（蓋子可以）。

PART 1

秋冬の湯便當

寒冷的日子，熱騰騰的湯便當讓幸福感倍增。
使用根莖類與香菇，小松菜以及白菜等葉菜類，
以迎接秋冬的當季食材為中心的36道湯便當。
從簡單食譜「首先從這道料理開始吧！」來記住訣竅後，
再用變化食譜來嘗試味道上的調整！

首先從這道料理開始吧！

簡單洋蔥湯

一整顆炒到焦糖色的洋蔥，散發迷人香氣，是湯品中的經典。
不需要長時間的翻炒，也能十分濃郁。

材料（一人份／300ml的燜燒罐）

洋蔥 — 一顆
奶油 — 10g
鹽 — 1/3小匙
胡椒 — 少許
起司粉 — 1小匙

作法

1. 將洋蔥縱切一半後，沿著纖維的方向薄切。

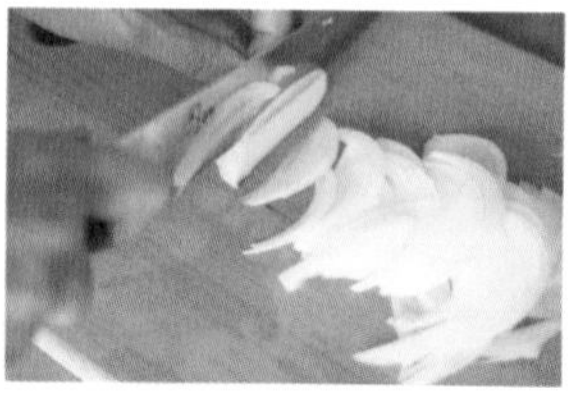

2. 把洋蔥與鹽放入鍋內，倒入50ml的水，開中火，煮4~5分鐘，水分收乾後再加入奶油，將洋蔥翻炒至變色為止。

3. 加入200ml水煮滾，灑上胡椒後將湯品倒入燜燒罐。用保鮮膜將起司粉包好，享用湯品的時候再放上去。

POINT 焦糖色的洋蔥只要在一開始加入少量的水來煮就能很快完成。把洋蔥平鋪在平底鍋上，盡量少翻動，待洋蔥開始變色後再加入少量的水慢慢翻炒，重複這樣的動作，洋蔥就會變成焦糖色。

PART 1 秋冬 洋蔥

用燜燒罐來品嘗「焦糖色的洋蔥」吧！

麵包洋蔥湯

比簡單洋蔥湯更有咀嚼感，滿足度UP。
即使是硬麵包，只要吸收了水分也能變得好入口。

材料（一人份／300ml的燜燒罐）

洋蔥 — 1/2大顆
奶油 — 10g
鹽 — 一小撮
胡椒 — 少許
法國麵包（切片）— 一片
可融化起司 — 10g

作法

1. 沿著洋蔥的纖維薄切。將法國麵包放入烤箱內烤至上色為止。
2. 將洋蔥與鹽放入鍋內，倒入50ml的水，開大火，煮4~5分鐘，水分收乾後放入奶油，將洋蔥翻炒至變色為止。
3. 加入200ml水，煮滾後灑上胡椒，將湯品倒入燜燒罐，最後放上法國麵包，稍微壓進去一些，再撒上起司。

洋蔥多多的燉牛肉

不需要長時間燉煮，用燜燒罐輕輕鬆鬆就能完成燉牛肉。
用焦糖色的洋蔥做出比調理包更好吃的味道。

材料（一人份／300ml的燜燒罐）

洋蔥 — 1/2顆
紅蘿蔔 — 2cm
烤肉用的牛肉（挑自己喜歡的部位）— 60g
乾香菇（泡水後使用）— 1/2朵
奶油 — 10g
鹽 — 一小撮
多蜜醬（罐頭或是調理包都可）— 3大匙（50g）
香芹 — 適量

作法

1. 洋蔥沿著纖維薄切。紅蘿蔔與乾香菇切成好入口的大小。

2. 將洋蔥與鹽放入鍋內，倒入50ml的水，開大火，煮4~5分鐘，水分收乾後加入奶油，將洋蔥翻炒至變色為止。

3. 把紅蘿蔔與100ml的水放入鍋中煮2分鐘，再加入牛肉與乾香菇煮2分鐘，最後倒入多蜜醬，將湯品倒入燜燒罐。用保鮮膜包好香芹，享用湯品的時候再放上去，可根據自己的喜好加或不加。

POINT 可以一次多炒一些洋蔥存放在冷凍庫裡，隨時取用非常方便。即使是燉牛肉也能在短時間內完成。

首先從這道料理開始吧！

洋蔥牛絞肉鹽味湯

洋蔥只要稍微拌炒，不須炒至焦糖色，留有口感。
使用蒸煮後會變得甘甜的白洋蔥與牛絞肉一起拌炒。用新洋蔥（採收後立即出貨的洋蔥）也很好吃。

材料（一人份／300ml的燜燒罐）

洋蔥 — 1/2顆
牛絞肉 — 50g
鹽 — 一小撮
醬油 — 1小匙
沙拉油 — 2小匙
胡椒 — 少許

作法

1. 與洋蔥纖維垂直橫切，厚度約8mm。

2. 將洋蔥與鹽、50ml的水放入鍋內，蓋上蓋子，開中火蒸煮，約3分鐘後打開蓋子，確認水分收乾後倒入沙拉油。

3. 將絞肉與醬油放進小碗中，加入150ml水攪拌均勻，再放入②的鍋子裡一起煮滾，撈掉肉渣後把湯品倒入燜燒罐，最後撒上胡椒。

POINT　與洋蔥纖維垂直橫切的切洋蔥法，可使洋蔥吃起來口感軟嫩！蒸煮則可以消除洋蔥刺鼻的味道。

「白洋蔥」也很適合使用於和食！

洋蔥番茄咖哩

清爽的咖哩風湯品。因為放了咖哩塊，所以要減少鹽量。

材料（一人份／300ml的燜燒罐）

洋蔥 — 1/2顆
牛絞肉 — 50g
小番茄 — 3顆
鹽 — 一小撮
咖哩塊（使用塊狀咖哩塊比較方便）
— 1又1/2大匙
沙拉油 — 2小匙
胡椒 — 少許

作法

1. 與洋蔥纖維垂直橫切，厚度約8mm。小番茄對半切。
2. 將洋蔥、鹽、50ml的水放入鍋內，蓋上蓋子，開中火蒸煮，3分鐘後打開蓋子，確認水分收乾後倒入沙拉油與小番茄，再拌炒1~2分鐘。
3. 將絞肉與100ml的水攪拌均勻，加進②的鍋子裡煮滾，最後放咖哩塊，確認咖哩塊都融化後撒上胡椒，將湯品倒入燜燒罐。

馬鈴薯燉肉湯

跟馬鈴薯一起燉煮的鹹甜口味。用豬肉也很好吃。

材料（一人份／300ml的燜燒罐）

洋蔥 — 1/4顆
牛肉薄片 — 50g
馬鈴薯 — 1/2小顆
鹽 — 一小撮
醬油 — 1又1/2小匙
砂糖 — 1小匙
沙拉油 — 2小匙

作法

1. 與洋蔥纖維垂直橫切，厚度約8mm。馬鈴薯切成三等份。
2. 將洋蔥、鹽以及50ml的水放入鍋內，開中火，蓋上蓋子蒸煮，3分鐘後打開蓋子，確認水分收乾後倒入沙拉油與馬鈴薯一起拌炒。
3. 把牛肉、醬油、砂糖放進小碗中，倒入150ml的水攪拌均勻後，全部加進②的鍋子裡，煮滾後將湯品倒入燜燒罐。

首先從這道料理開始吧！

紅蘿蔔舒肥雞胸肉湯

舒肥雞胸肉和紅蘿蔔的熱沙拉風格湯品。
紅蘿蔔切絲更能凸顯甜味。

材料（一人份／300ml的燜燒罐）

紅蘿蔔 — 1/3條
舒肥雞胸肉 — 40g
沙拉油 — 2小匙
鹽 — 1/3小匙
牛奶 — 2大匙

作法

1. 用刨絲器將紅蘿蔔刨成絲。舒肥雞胸肉撕成一口的大小。

2. 將沙拉油與紅蘿蔔放入鍋中，開中火拌炒約3分鐘左右（途中若覺得快要焦了，可以加少量的水）。

3. 把舒肥雞胸肉以及150ml的水放入鍋中，加鹽後煮1~2分鐘，最後加牛奶，將湯品倒入燜燒罐。

POINT 想要快速切絲，建議可以使用刨絲器。使用「紅蘿蔔刨絲器」更方便，也更容易入味。紅蘿蔔皮也可以不用削沒關係。

融合雞肉的鮮味與紅蘿蔔的甜味

紅蘿蔔香芹咖哩湯

在紅蘿蔔舒肥雞胸肉湯裡，加入咖哩粉以及香芹，可以增加香氣。
將香芹當作食材，多放一些會更好吃。

材料

紅蘿蔔 — 1/3條
舒肥雞胸肉 — 40g
香芹 — 3朵
沙拉油 — 2小匙
鹽 — 1/3小匙
牛奶 — 2大匙
咖哩粉 — 1/2小匙

作法

1. 用刨絲器將紅蘿蔔刨成絲，香芹切碎，再將舒肥雞胸肉撕成一口的大小。
2. 將沙拉油與紅蘿蔔放入鍋中，開中火拌炒2~3分鐘。
3. 加入舒肥雞胸肉、100ml的水與鹽，煮滾後，放入切碎的香芹、牛奶、咖哩粉，加熱後將湯品倒入燜燒罐。

POINT 將紅蘿蔔拌炒到釋放出甜味為止，紅蘿蔔量少的時候容易炒焦，所以拌炒的途中適當加入少量的水是OK的。

紅蘿蔔日式豆皮和風湯

有日式豆皮的話不需要高湯&分量UP。
即使沒有肉也能有口感，讓肚子得到滿足。

材料（一人份／300ml的燜燒罐）

紅蘿蔔 — 1/3條
日式豆皮 — 1/2片
豆苗 — 少許
芝麻油 — 2小匙
鹽 — 1/3小匙

作法

1. 將紅蘿蔔刨成絲，豆苗切半，日式豆皮則切成寬度1cm的粗絲。

2. 將芝麻油與紅蘿蔔放入鍋中，開中火拌炒2~3分鐘左右，接著把日式豆皮、200ml的水以及鹽放入鍋中煮滾，放上豆苗關火，把湯品倒入燜燒罐。

POINT 豆苗即使加熱也不會失去脆脆的口感，很適合燜燒罐料理。用手稍微撕開放進去就可以了，很方便又可以讓湯品的顏色看起來更漂亮。

沒有澀味，
非常適合
燜燒罐料理！

首先從這道料理開始吧！

小松菜豬肉番茄醬湯

沒有番茄或番茄罐頭也沒關係，只要有番茄醬就能簡單地做出番茄口味料理。炒過的豬肉的鮮味也能融入湯品中。

材料（一人份／300ml的燜燒罐）

小松菜 — 1/4把
豬里肌薄片（薑燒豬肉用）— 60g
番茄醬 — 2大匙
鹽 — 一小撮
橄欖油 — 2小匙

作法

1. 小松菜切掉根部，切成4cm小段。豬肉切2cm的小塊。

2. 將橄欖油倒入鍋中開中火加熱，放入豬肉後盡量不要翻動，讓豬肉的兩面都煎烤上色後關火，倒入番茄醬，倒完後再開中火煮約1分鐘左右。

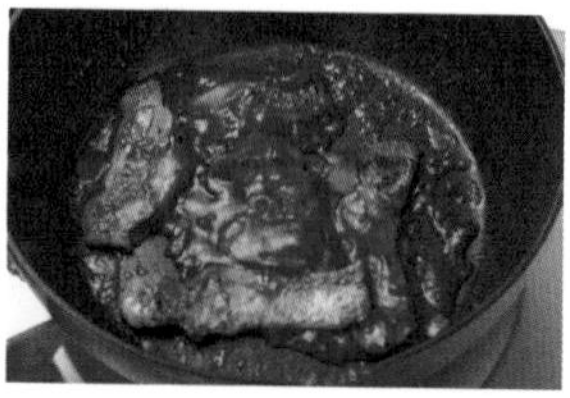

3. 加入小松菜與150ml的水煮滾，可去除小松菜的澀味，加鹽稍微攪拌後就可以將湯品倒入燜燒罐。

POINT 豬肉煎烤上色後會釋放出鮮味，所以要仔細地煎烤才會好吃。加番茄醬的時候，因為會噴濺出來，所以一定要關火後再加。

PART 1

秋冬

小松菜

在有番茄味道的湯品中吃青菜

糯麥雞絞肉燉飯

重點在糯麥，做成湯稍多的燉飯。

材料（一人份／300ml的燜燒罐）

小松菜 — 1/4把
雞絞肉 — 30g
糯麥 — 2大匙
番茄醬 — 2大匙
橄欖油 — 1小匙

作法

1. 切掉小松菜的根部後，切小段。
2. 將橄欖油、雞絞肉、番茄醬放入鍋中，開中火拌炒約1分鐘。
3. 加入小松菜、糯麥與200ml的水煮滾，再移至燜燒罐。

小松菜煎蛋湯

放上煎蛋而不是蛋花，可以增加雞蛋的存在感，使其成為主角。

材料（一人份／300ml的燜燒罐）

小松菜 — 1/4把
蛋 — 1顆
太白粉 — 1小匙
鹽 — 1/3小匙
芝麻油 — 2小匙

作法

① 切掉小松菜的根部後，切成2cm小段。將蛋打散，加入一小撮鹽（未列入材料內）與太白粉攪拌均勻。

② 將小松菜以及2大匙的水放進平底鍋，加鹽後蓋上鍋蓋，開中火蒸煮，2分鐘後再倒入150ml的水，煮滾後再倒入燜燒罐（蓋上蓋子）。

③ 用平底鍋加熱芝麻油，倒入攪拌均勻的蛋液，用筷子大範圍攪拌塑形做成煎蛋。將煎蛋放入②。

想要有分量感的時候就用這個吧！

首先從這道料理開始吧！

綠花椰菜油豆腐芝麻味噌湯

將綠花椰菜切成一口的大小，搭配撕成小塊的油豆腐。
撒上芝麻，讓味噌湯的更添鮮味。

材料（一人份／300ml的燜燒罐）

綠花椰菜 — 1/3顆
油豆腐 — 1/3塊
砂糖 — 1/2小匙
味噌 — 1大匙
磨碎的白芝麻 — 1大匙
沙拉油— 1小匙

作法

1. 把綠花椰菜切成小朵，太大的話請切半，莖的部分請切成長度2~3公分、寬約1公分。油豆腐則用手撕成小塊。

2. 將綠花椰菜、油豆腐、沙拉油、砂糖、50ml的水一起放入鍋中，蓋上蓋子開中火加熱3分鐘。

3. 倒入150ml的水煮滾，再讓味噌融化其中，最後將湯品倒入燜燒罐，撒上磨碎的白芝麻。

POINT 常備磨碎的白芝麻，不管是煮湯、味噌湯或是其他食物時都可以使用，是萬能食材。也可以自己動手磨碎芝麻，香味更棒。

提味秘方——砂糖與芝麻非常適合放在一起

綠花椰菜番茄酸辣湯

酸味與辣味的組合讓人上癮，中華人氣湯品再現。
重點在利用番茄的酸味來代替醋。

材料（一人份／300ml的燜燒罐）

綠花椰菜 — 3小朵
油豆腐 — 1/3塊
小番茄 — 3顆
乾香菇 — 1小朵
砂糖 — 1/2小匙
鹽 — 1/3小匙
芝麻油 — 1小匙
辣油— 少許

作法

1. 將油豆腐切成2～3cm的小塊狀。小番茄、綠花椰菜都對切一半。乾香菇趁還乾燥的時候拿掉香菇的柄，然後用手撕成一口的大小。
2. 把辣油以外的材料都放入鍋中，倒入200ml的水，蓋上蓋子，開中火煮3~4分鐘。
3. 將煮好的湯品倒入燜燒罐，加辣油。

POINT 喜歡酸的讀者，請再加入少量的醋。撒上適量的胡椒取代辣油，也十分美味。

綠花椰菜蝦仁咖哩湯

帶有異國風味的咖哩湯。
使用油豆腐讓湯品更美味。

材料（一人份／300ml的焖燒罐）

綠花椰菜 — 3小朵
油豆腐 — 40g
蝦仁（冷凍）— 50g
沙拉油 — 1小匙
咖哩粉 — 1小匙
鹽 — 1/3小匙

作法

1. 將綠花椰菜對切一半。油豆腐切成1cm薄片。解凍蝦仁。
2. 把咖哩粉與鹽以外的材料都放入鍋中，倒入150ml的水，蓋上蓋子，開中火煮3分鐘。
3. 倒入50ml的水煮滾，再加入咖哩粉與鹽，將湯品倒入焖燒罐。

POINT 冷凍蝦仁或是其他冷凍海鮮，有時候會結霜，此時請用流動的水清洗以去除腥味。

加熱可使甜味與鮮味倍增！

首先從這道料理開始吧！

長蔥雞皮鹽味湯

拌炒薄切的長蔥，可以帶出鮮味與甜味。
加薑可以去除雞皮的腥味。

材料（一人份／300ml的燜燒罐）

長蔥（白色的部分）— 2/3根
雞皮 — 一片
薑 — 1片
鹽 — 1/3小匙
胡椒— 少許

作法

1. 長蔥薄斜切片，薑片切絲，雞皮切細條。

2. 將長蔥鋪在鍋內，加入1大匙的水，蓋上蓋子開中火蒸煮2分鐘。打開蓋子，讓水分蒸發。

3. 倒入250ml的水，加入雞皮與薑絲，煮4~5分鐘後加鹽，將湯品倒入燜燒罐，撒上胡椒。

POINT 請使用連在雞腿肉或雞胸肉上的雞皮。切雞皮的時候，使用廚房用剪刀比菜刀更方便！

雞皮的油脂可以帶出蔥的甜味

長蔥豬肉泡菜湯

非常適合搭配白飯，美味的泡菜鍋風湯品。
泡菜複雜的美味與辣味，是好吃的關鍵。

材料（一人份／300ml的燜燒罐）

長蔥（白色的部分）— 2/3根
切成小塊的豬肉 — 50g
薑 — 1片
泡菜 — 30g
鹽 — 一小撮

作法

1. 長蔥薄斜切片，薑片切絲，豬肉切成適合入口的大小。
2. 將長蔥、薑和1大匙的水放入鍋中，蓋上蓋子開中火煮2分鐘。打開蓋子，讓水分蒸發。
3. 倒入150ml的水與豬肉煮4~5分鐘，再放入泡菜，最後放鹽調整味道後，將湯品倒入燜燒罐。

POINT 即使是有些變酸的泡菜也很適合。若有剩下一些醃製的醬汁或白菜以外的蔬菜，也可以加進去。

烤蔥雞肉湯

長蔥稍微烤焦會美味倍增！
加香菇也很適合。

材料（一人份／300ml的燜燒罐）

長蔥（白色的部分）— 2/3根
雞肉 — 50g
薑 — 1片
醬油 — 2小匙
芝麻油 — 2小匙

作法

1. 長蔥薄斜切片，薑切薄片，雞肉切小塊。
2. 將芝麻油放入鍋中加熱，再放入長蔥與薑。一開始盡量不要翻炒，讓長蔥稍微上色。
3. 加入200ml的水與雞肉後煮3~4分鐘，最後放醬油調味，再將湯品倒入燜燒罐。

POINT 稍微烤焦上色的長蔥是美味的秘訣。請煎烤到覺得「是不是有點烤焦了？」的感覺。

PART 1

秋冬

長蔥

只要煮，不需要高湯！味道出眾

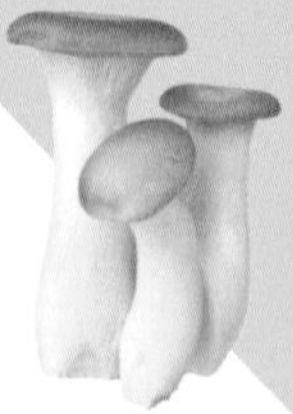

首先從這道料理開始吧！

香菇牛肉湯

杏鮑菇圓切片，可以感覺到口感與味道會稍有不同。
調味只要使用麵味露就可以非常簡單。是很適合與白飯一起吃的湯品。

材料（一人份／300ml的燜燒罐）

舞菇、杏鮑菇 — 加起來100g
牛肉薄片 — 60g
麵味露 — 1大匙
沙拉油 — 2小匙

作法

1. 將舞菇用手撕成好入口的大小，杏鮑菇則切成圓薄片（若是太大的話可以從中間切一半）。

2. 將沙拉油放入鍋中加熱，把①切好的杏鮑菇放進鍋內拌炒，然後加入200ml的水與麵味露煮滾。

3. 把牛肉平鋪放進②的鍋中，稍微煮一下後將湯品倒入燜燒罐。

POINT 炒杏鮑菇的時候，一開始請不要翻動，等煎至上色杏鮑菇的美味才不會流失。

兩種香菇一起煮，美味加倍

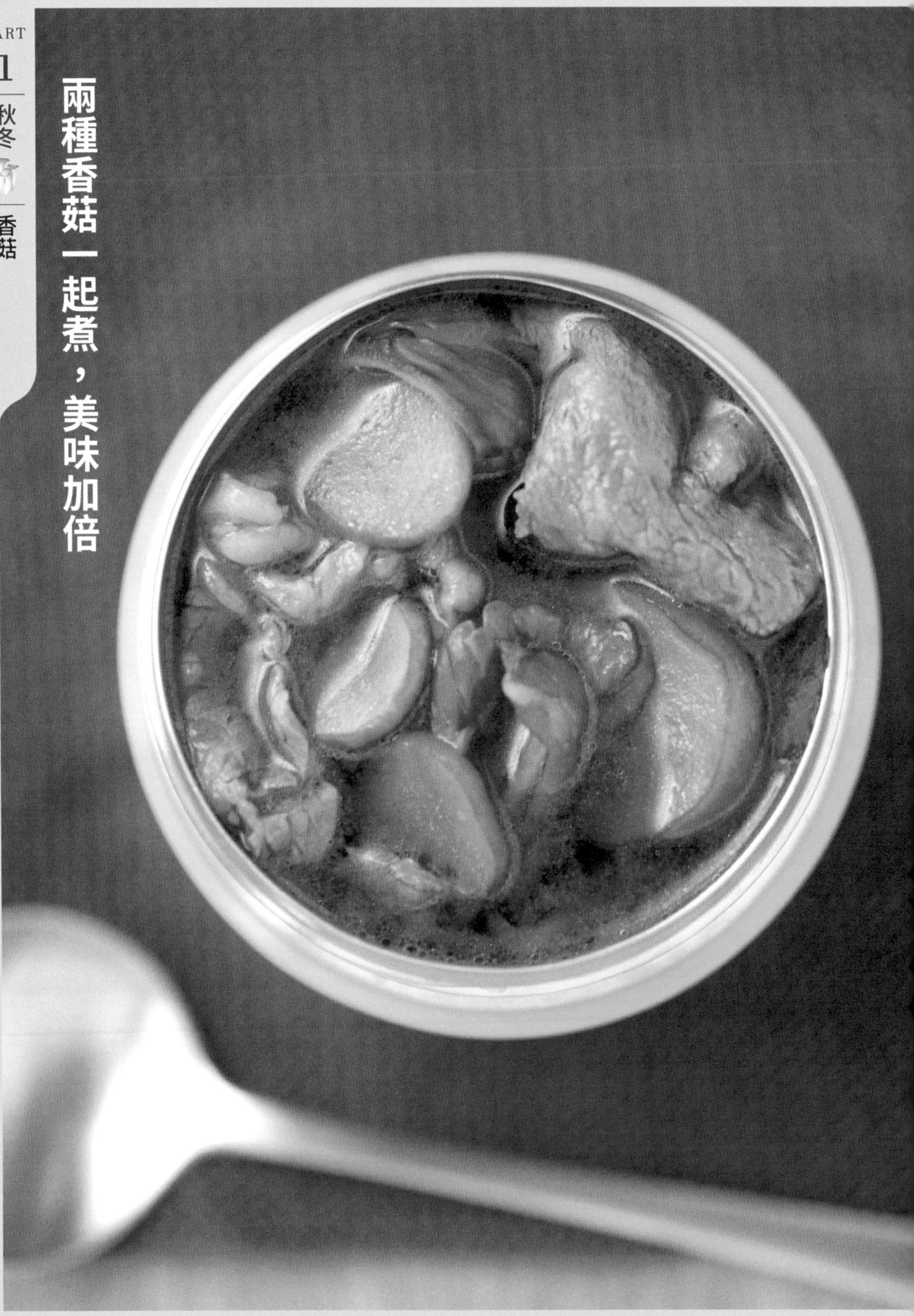

香菇豆腐擔擔湯

切碎香菇，把香菇當作絞肉一樣使用。
重點在於磨碎的白芝麻和豆漿，可以帶出溫和濃郁的味道。

材料（一人份／300ml的燜燒罐）

舞菇、杏鮑菇 — 加起來100g
木棉豆腐 — 30g
豆漿 — 50ml
麵味露 — 1大匙
磨碎的白芝麻 — 1小匙
芝麻油 — 2小匙
辣油 — 少許

作法

1. 將香菇切碎，豆腐切成1cm厚的大小。
2. 將芝麻油放入鍋中加熱，把①的香菇倒入拌炒，加入150ml的水與麵味露煮滾。
3. 放入豆腐與豆漿加熱，再加入磨碎的白芝麻與辣油，將湯品倒入燜燒罐。

POINT 倒入豆漿後，請注意不要煮過頭！剛煮滾、有點起泡的時候就要關火。

香菇番茄糙米燉飯

只要直接放生的糙米即可，非常簡單的燉飯料理。
少量的番茄糊就能有濃郁的番茄味。

材料（一人份／300ml的燜燒罐）

鴻喜菇、杏鮑菇 — 加起來100g
番茄糊 — 1大匙
發芽糙米 — 2大匙
鹽 — 1/3小匙
橄欖油 — 2小匙

作法

1. 切掉鴻禧菇的根部後切一半。杏鮑菇切細。
2. 將橄欖油倒入鍋中加熱，接著把①放入鍋中開中火拌炒，炒軟之後再加入番茄糊。
3. 放入200ml的水、糙米以及鹽，煮滾後將湯品倒入燜燒罐。

POINT 番茄加工食品非常多，水煮罐頭有大家熟悉的整顆番茄罐頭和切丁番茄罐頭、番茄泥，還有味道更濃郁的番茄糊。本書使用的是能帶出豐富層次口味的番茄糊。

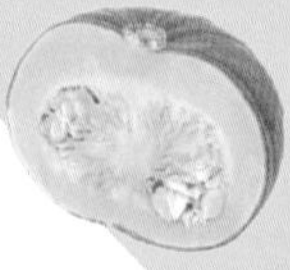

又甜又暖
滿足度◎

首先從這道料理開始吧！

南瓜雞肉豆漿濃湯

溫潤鬆軟口感的熱濃湯。
烹煮時南瓜會慢慢融化，讓湯品變成漂亮的黃色。

材料（一人份／300ml的燜燒罐）

南瓜（拿掉籽和瓤）— 100g
雞胸肉 — 60g
豆漿 — 150ml
沙拉油 — 2小匙
鹽 — 1/3小匙

作法

1. 將南瓜切成約2cm的塊狀。雞肉也切成一樣的大小。

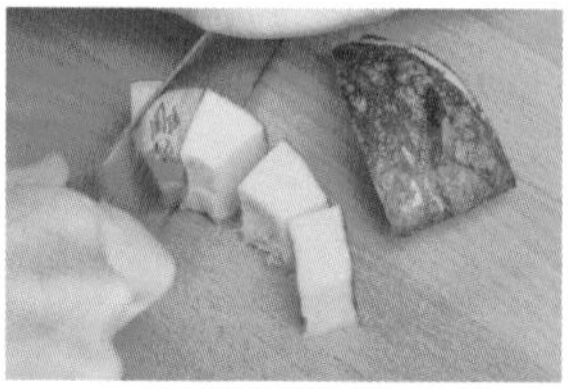

2. 將南瓜、雞肉、沙拉油、100ml的水一起放入鍋中，開中火，蓋上蓋子蒸煮3~4分鐘。

3. 打開蓋子，把豆漿與鹽放進鍋內，在湯快煮滾前關火，將湯品倒入燜燒罐。

POINT 請注意，南瓜切得太小塊的話，會整個融化在湯裡。切南瓜前可以先將南瓜放入微波爐中微波1分鐘左右，這樣會比較好切。

如奶油醇厚般的口感十分療癒

南瓜微辣蔬菜咖哩

可以品嘗到各種蔬菜的甜味以及異國風味。

材料（一人份／300ml的燜燒罐）

南瓜（拿掉籽和瓤）— 80g
雞胸肉 — 60g
青椒 — 1/2顆
大蒜末 — 少許
豆漿 — 50ml
辣椒（拿掉籽）— 1/2條
沙拉油 — 2小匙
咖哩塊（使用塊狀咖哩塊比較方便）— 1又1/2大匙

作法

1. 將南瓜切成2cm的塊狀。青椒拿掉籽後隨意切塊。雞肉則是切成好入口的大小。
2. 將南瓜、沙拉油、100ml的水放入鍋內，開中火，蓋上蓋子蒸煮2分鐘。然後再打開蓋子把雞肉放進去煮3分鐘。
3. 放入青椒、大蒜、咖哩塊、辣椒、豆漿，待咖哩塊完全融化後，再將湯品倒入燜燒罐。

南瓜雞肉押麥燉飯

將吃起來粒粒分明的押麥做成飯分量感十足！輕輕鬆鬆就能完成。

材料（一人份／300ml的燜燒罐）

南瓜（拿掉籽和瓤）— 70g
雞胸肉 — 70g
押麥（乾燥）— 2大匙
橄欖油 — 1小匙
鹽 — 1/3小匙

作法

1. 將南瓜切成2cm的塊狀
2. 將橄欖油、南瓜、200ml的水放入鍋內，把雞肉放在最上面，開中火，蓋上蓋子蒸煮5分鐘。
3. 放入押麥與鹽煮滾，再將湯品倒入燜燒罐。

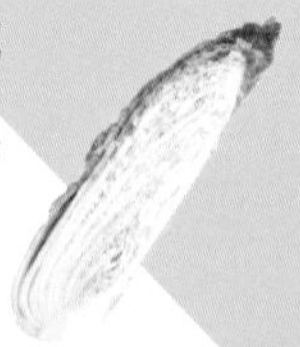

吃火鍋剩下的食材用燜燒罐來解決吧！

首先從這道料理開始吧！

白菜雞肉丸子鹽味湯

將雞肉丸子稍微壓成扁圓形，這樣比較容易熟，可以縮短料理的時間。用筷子也能輕鬆地從燜燒罐中夾出來。

材料（一人份／300ml的燜燒罐）

白菜 — 一大片（100g）
雞絞肉 — 60g
太白粉 — 1/2小匙
薑末 — 1片的量
鹽 — 1/3小匙
柚子皮 — 少許

作法

1. 將白菜切1cm小段。把雞絞肉、一小撮的鹽（未列入材料內）、太白粉、薑末放入碗中，手打至有黏度。

2. 將250ml的水倒入鍋內煮滾，再把①的肉團捏成4~5個扁圓形的雞肉丸子放進鍋子，煮2分鐘左右。

3. 把①的白菜與鹽放進來再煮2分鐘，將湯品倒入燜燒罐。用保鮮膜將柚子皮包起來，享用湯品的時候再撒上去。

POINT 絞肉需要手打至有黏度才可以，這樣放入湯中才不會散掉。

把清爽小火鍋風湯品當作便當吧！

雞肉丸子冬粉湯

加入冬粉，分量UP 又健康的食譜。

材料（一人份／300ml的燜燒罐）

白菜——片（60g）
雞絞肉—60g
太白粉—1/2小匙
薑末—1片的分量
乾香菇—1小朵
（用100ml的水泡開）
冬粉（乾燥）—20g
醬油—1小匙
鹽——小撮

作法

1. 將白菜切1cm小段。將泡開的香菇切細。把雞絞肉、一小撮的鹽（未列入材料內）、太白粉、薑末放入碗中，手打至有黏度。

2. 將水和泡香菇的水混合，分量合計250ml，倒入鍋內煮滾，再把①的肉糰捏成4~5個扁圓形的雞肉丸子放入鍋中，煮2分鐘左右再加入醬油與鹽。

3. 把①的白菜與乾香菇放進鍋中再煮2分鐘，最後再加冬粉，將湯品倒入燜燒罐。

白菜雞肉丸子番茄湯

加入番茄糊與大蒜，馬上變成西洋風味。

材料（一人份／300ml的燜燒罐）

白菜 — 一片（60g）
鴻禧菇 — 30g
雞絞肉 — 60g
太白粉 — 1/2小匙
番茄糊 — 1/2大匙
大蒜末 — 少許
鹽 — 1/3小匙

作法

1. 將白菜切1cm小段。切掉鴻禧菇的根部，用手把連在一起的香菇撥散。把雞絞肉、一小撮的鹽（未列入材料內）、太白粉、大蒜末放入碗中，手打至有黏度。
2. 將250ml的水倒入鍋內煮滾，再把①的肉團捏成4~5個扁圓形的雞肉丸子放進鍋中，煮2分鐘左右後加鹽。
3. 把①的白菜、鴻禧菇以及番茄糊放入鍋內煮滾，將湯品倒入燜燒罐。

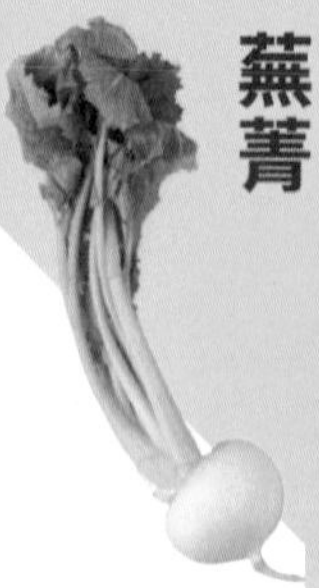

首先從這道料理開始吧！

蕪菁鮪魚和風湯

放入一整顆蕪菁，蔬菜分量十足的湯品。
到中午享用前的這段時間，湯汁會慢慢地滲入蕪菁中，使得蕪菁鬆軟入味。

材料（一人份／300ml的燜燒罐）

蕪菁 — 中型1顆（100g）
蕪菁的葉子 — 少許
鮪魚罐頭 — 1/2罐（40g）
昆布 — 3cm小塊
鹽 — 1/3小匙
※若是使用水煮鮪魚，請另外加入1小匙沙拉油。

作法

1. 剝掉蕪菁的外皮後切成六塊。蕪菁的葉子則是切2cm小段。用剪刀將昆布剪細段。
2. 把蕪菁、昆布、鹽、200ml的水放入鍋中，蓋上蓋子開中火煮2分鐘。

3. 放入鮪魚罐頭與蕪菁的葉子再度加熱，煮滾後再將湯品倒入燜燒罐。

POINT 蕪菁是大小相差很大的蔬菜，食譜註明切成6塊，但如果太大的話可以切成8塊，太小的話則切成4塊，請自行調整大小。

清爽的鹽味，讓入味的蕪菁更好吃。

蕪菁蝦仁羹湯

鬆軟的蕪菁充分吸收蝦仁的鮮味。
因為是羹湯，喝了能讓身體從內而外暖和起來。

材料（一人份／300ml的燜燒罐）

蕪菁 — 中型1顆（100g）
蕪菁的葉子 — 少許
蝦仁 — 40g
薑末 — 少許
太白粉 — 2小匙
鹽 — 一小撮
醬油（可以的話請使用薄鹽）— 1小匙

作法

1. 將蕪菁切成6塊。切碎蕪菁的葉子。將太白粉以同樣分量的水拌勻。
2. 把蕪菁、鹽、150ml的水放入鍋中，蓋上蓋子開中火煮3分鐘。放入蝦仁與薑末再煮2分鐘。
3. 放入蕪菁的葉子與醬油，煮滾後加入融化在水中的太白粉，湯品呈現勾芡狀態後再倒入燜燒罐。

POINT 蔬菜的水分會使得勾芡變淡，所以一開始勾芡要做厚一些。

蘿蔔絲乾蕪菁湯

蘿蔔絲乾不需要事先泡水還原，直接放入燜燒罐，倒入熱熱的湯裡就可以了。脆脆的蘿蔔乾吃起來很有口感，是很適合做湯便當的食材。

材料（一人份／300ml的燜燒罐）

蕪菁 — 中型1顆（100g）
鮪魚罐頭 — 1/2罐
蘿蔔絲乾 — 10g
鹽 — 一小撮
醬油 — 1/2小匙
黑芝麻 — 少許
※若是使用水煮鮪魚，請另外加入1小匙沙拉油。

作法

1. 剝掉蕪菁的外皮後切成6塊。將蘿蔔絲乾用水洗過後，直接放入預熱好的燜燒罐裡，蓋上蓋子。

2. 把蕪菁、鹽、200ml的水放入鍋中，蓋上蓋子開中火煮2分鐘。

3. 加入鮪魚罐頭後煮滾，將湯品倒入已放進蘿蔔絲乾的燜燒罐裡，再撒上黑芝麻。

POINT 蘿蔔絲乾不只吃起來有口感，也很適合做高湯。除了湯便當以外，也很適合拿來做味噌湯！

秘訣在於選擇不加鹽的鮭魚

首先從這道料理開始吧！

鮭魚馬鈴薯奶油味噌湯

鮭魚與馬鈴薯是非常適合放在一起的組合。
加奶油與薑，可以做出豐富層次味道的湯品。

材料（一人份／300ml的燜燒罐）

天然鮭魚 — 1小塊（去皮．80g）
馬鈴薯 — 1顆
味噌 — 2小匙
薑末 — 少許
奶油 — 1小匙

作法

1. 馬鈴薯去皮後切成6塊。鮭魚切成4等份。

2. 把馬鈴薯和200ml的水放入鍋中，蓋上蓋子開中火蒸煮，3分鐘後放入鮭魚，再蒸煮2分鐘。

3. 加入味噌，待味噌融化後再放薑末，即可把湯品倒入燜燒罐裡，最後再把奶油放進去。

POINT 鮭魚使用的是天然鮭魚。生魚片用的養殖鮭魚沒有骨頭，料理起來很方便。

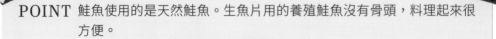

鮭魚與奶油的香氣真是讓人受不了！

鮭魚蔬菜牛奶湯

不用奶粉只用牛奶，做出口感滑順的湯品。美乃滋是提味秘方。

材料（一人份／300ml的燜燒罐）

天然鮭魚 — 1小塊（去皮．60g）
馬鈴薯 — 中型1/2顆
高麗菜 — 20g
紅蘿蔔 — 20g
鹽 — 1/4小匙
牛奶 — 50ml
美乃滋 — 1小匙

作法

1. 馬鈴薯去皮後先對切再切3~4等份。鮭魚切成4等份。紅蘿蔔切半月塊。高麗菜可以粗略切一下或是直接用手撕開。
2. 把①的食材與150ml的水放進鍋內，開中火煮3分鐘。
3. 加入鹽、牛奶、美乃滋後再度加熱後將湯品倒入燜燒罐。

POINT　先用少量的牛奶與美乃滋攪拌均勻，這樣美乃滋倒入湯品後才不會分層。

鮭魚豆苗舞菇味噌湯

鮭魚、豆苗、舞菇都是很美味的食材，不需要高湯也沒關係。

材料（一人份／300ml的燜燒罐）

天然鮭魚 — 1小塊（去皮 · 70g）
豆苗 — 1/3把
舞菇 — 40g
味噌 — 2小匙

作法

1. 豆苗切3cm小段。舞菇切掉根部後用手剝開。鮭魚切2cm塊狀。
2. 把鮭魚與舞菇放入鍋中，倒入200ml的水，蓋上蓋子開中火蒸煮3~4分鐘。
3. 放入豆苗與味噌，待味噌完全融化後將湯品倒入燜燒罐。

以肉為主角的湯便當，吃起來很滿足！

首先從這道料理開始吧！

豬肉蔬菜味噌湯

將豬肉薄片捲起來，口感吃起來很像整塊豬肉。
因為是簡單的豬肉蔬菜味噌湯，請隨意加入自己喜歡的食材吧。

材料（一人份／300ml的燜燒罐）

白蘿蔔 — 3cm（100g）
豬五花薄片 — 3~4片（60~70g）
打結蒟蒻絲 — 2小個
※用普通的蒟蒻也OK
味噌 — 1大匙
芝麻油 — 1小匙
青蔥 — 少許

作法

① 白蘿蔔去皮，切成方便入口的大小。豬五花薄片不加任何東西一片一片地捲起來。

② 白蘿蔔與打結蒟蒻絲放入鍋中，再將豬肉捲放進鍋內，豬肉捲捲起來的開口處要朝下，倒入100ml的水與芝麻油，蓋上蓋子開中火蒸煮3分鐘。

③ 再次加入100ml的水，煮滾後放入味噌，待味噌完全融解後再將湯品倒入燜燒罐。用保鮮膜把切碎的青蔥包起來，享用湯品的時候再撒上即可。

POINT 豬肉也可以使用吃起來較清爽的後腿肉，或是有油脂的里肌肉等，不管是用哪一個部位的肉，料理起來都很好吃。

很多肉！讓人想要配飯吃！

咖哩豬肉蔬菜味噌湯

豬肉蔬菜味噌湯加入咖哩，體驗新鮮口味。
可以隨意加入適合放在咖哩中的食材，如紅蘿蔔和馬鈴薯等等。

材料（一人份／300ml的燜燒罐）

豬五花薄片 — 3~4片（60~70g）
馬鈴薯 — 1/2顆
紅蘿蔔 — 3cm
味噌 — 1大匙
咖哩粉 — 1/2小匙
沙拉油 — 1小匙

作法

1. 馬鈴薯切成4等份。紅蘿蔔切成1cm厚的半月塊。豬五花薄片不加任何東西一片一片地捲起來。
2. 將馬鈴薯與紅蘿蔔放入鍋中，再將豬肉捲放進鍋內，豬肉捲捲起來的開口處要朝下，倒入100ml的水與沙拉油，蓋上蓋子開中火蒸煮3分鐘。
3. 再次加入100ml的水，煮滾後放入味噌，待味噌完全融解後再加咖哩粉，最後把湯品倒入燜燒罐。

POINT 為了要凸顯味噌與咖哩的風味，加入之後煮滾的時間不能過久！

豬肉牛蒡味噌烏龍麵

將烏龍麵放入豬肉蔬菜味噌湯中，即使是午餐湯便當也能吃得很滿足。
用有口感的牛蒡，讓湯便當每一口吃起來都有不同的感覺。

材料（一人份／300ml的燜燒罐）

切塊豬肉 — 2~3塊（60g）
牛蒡 — 5cm
烏龍麵 — 1/3份
味噌 — 1大匙
芝麻油 — 1小匙
七味唐辛子 — 少許

作法

1. 牛蒡薄斜切片。豬肉切成方便入口的大小。
2. 將牛蒡與豬肉放入鍋中，倒入200ml的水，煮滾。
3. 放入味噌，待味噌完全融解後放入芝麻油與烏龍麵，再次煮滾後把湯品倒入燜燒罐。用保鮮膜把七味唐辛子包好，享用湯品時再撒上即可。

POINT　烏龍麵請選用粗麵，細烏龍麵煮起來容易斷掉。

有的話很方便優秀食材！

使用蔬菜、香菇、魚類等當季食材的話，這些食材的美味可以直接從湯品中品嘗到，所以書中介紹的是盡量不加入其他東西的精簡食譜，不過也是有能讓味道有所變化，並能襯托且提高主要食材美味度的優秀食材。以下介紹可於平日儲存備用的食材，加進固定基本料理中，可以為湯便當帶來新的味道。這些優秀食材皆能在短時間內料理完成，請一定要加以活用。

榨菜

只要少量就能馬上讓湯品變成中華風味。因為榨菜已有鹽分，調味方面要減少一些。

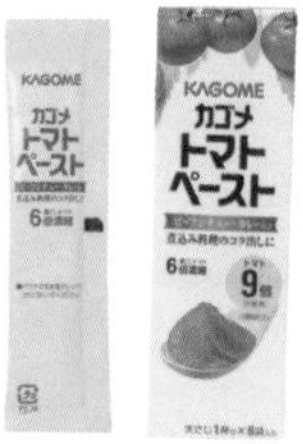

番茄糊

因為口味濃郁，只要少量使用就能讓味道很有層次。使用一次用完的小包裝最適合湯便當！

綜合豆子罐頭

分量很好控制，鬆軟的口感是重點，儲存起來備用很方便。

乾香菇

請在乾燥的時候將香菇柄去除，撕碎就能放進湯便當中。切絲也很方便。

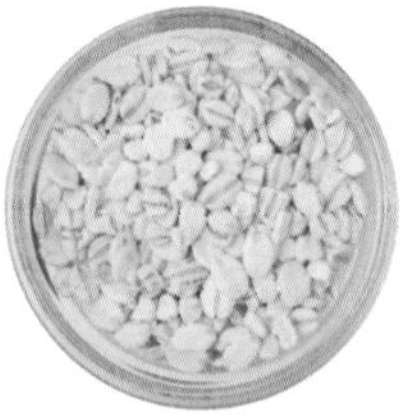

押麥

一粒一粒地很有口感，與白米味道有些不同，但很有飽足感。糯麥也一樣。

蘿蔔絲乾

溫和的美味與脆脆的口感是其魅力。不需要事先泡開，直接把湯品倒進去就可以了。

PART 2

春夏の湯便當

展開新生活總是有些手忙腳亂的春天，
為了暑氣與濕氣而煩惱的夏日季節，
這種時候很適合做早上能夠快速完成，只要吃上一口，
下午就能恢復元氣的湯便當。
接下來要介紹的是，
以可以馬上改善疲勞的春夏食材所烹調的24道湯品。

首先從這道料理開始吧！

高麗菜火腿醋湯

雖然是平凡的組合，但只要加入少許的醋，就能變成時髦的味道。
將火腿與高麗菜切成可以一起放入口中的大小。

材料（一人份／300ml的燜燒罐）

高麗菜 — 1/8顆（100g）
火腿 — 1~2片（25g）
橄欖油 — 2小匙
鹽 — 1/3小匙
醋 — 1/4小匙
胡椒 — 少許

作法

1. 高麗菜與火腿切成1cm的小丁。

2. 將高麗菜、橄欖油與鹽放入高度較深的平底鍋，開中火拌炒2分鐘。

3. 把火腿與150g的水倒入鍋中煮滾，最後加入醋與胡椒，將湯品倒入燜燒罐。

POINT　醋要最後再加，請注意不要加太多。

PART 2

春夏

高麗菜

可以吃到大量的高麗菜！

高麗菜與秋刀魚罐頭的中華風味湯

因為是罐頭，湯品基底的味道已經固定了，所以絕對不會失敗。
即使是忙碌的早晨也能輕鬆迅速完成的湯品。

材料（一人份／300ml的燜燒罐）

高麗菜 — 一大片（60g）
紅燒秋刀魚罐頭 — 1/2罐
芝麻油 — 2小匙
鹽 — 一小撮
醋 — 1/4小匙

作法

1. 手撕高麗菜。
2. 將高麗菜、芝麻油、鹽以及1大匙的水放入鍋中，蓋上蓋子開中火煮2分鐘。
3. 把200ml的水、大致撥開的紅燒秋刀魚與罐頭內的醬汁一起倒入鍋中，煮滾後放醋，將湯品倒入燜燒罐。

POINT 因為已經是調味好的魚罐頭，其他什麼都不需要加。也可以放紅燒雞肉罐頭。

高麗菜香腸燉湯

西洋湯品中的經典，昆布其實是隱藏的提味秘方。
是一道溫和美味又暖胃的湯品，作法也很簡單。

材料（一人份／300ml的燜燒罐）

高麗菜 — 一大片（60g）
馬鈴薯 — 中型1/2顆
香腸 — 1條
橄欖油 — 2小匙
鹽 — 1/3小匙
昆布 — 3cm小塊
胡椒 — 少許

作法

1. 高麗菜切大概3~4cm大小，馬鈴薯切成3等份，昆布用剪刀剪成細長條狀。
2. 將胡椒以外的全部食材都放入鍋中，倒入200ml的水，開中火煮5分鐘。將湯品倒入燜燒罐，撒上胡椒。

POINT 若為了高湯而讓昆布煮太久的話，容易有腥味。只要使用3cm大小的昆布就能煮出高湯了。

比起大番茄，小番茄方便使用，也更適合燜燒罐！

首先從這道料理開始吧！

小番茄
鯖魚罐頭味噌湯

人氣鯖魚罐頭，秘訣在於使用味噌鯖魚罐頭，而不是水煮罐頭。番茄的酸味可以讓湯品吃起來更清爽。

材料（一人份／300ml的燜燒罐）

小番茄 — 10顆
鯖魚味噌罐頭 — 1/3罐（60g）
麵味露 — 1小匙
胡椒 — 少許

作法

① 將小番茄的蒂頭拿掉，對半切。

② 把小番茄的切面朝下放進鍋內，開中火煮1分鐘左右，再將鯖魚罐頭、200ml的水、麵味露倒進來煮滾。

③ 待麵味露完全融合進湯裡後，撒上胡椒，將湯品倒入燜燒罐。

POINT 鯖魚罐頭很容易食用，可以分開，保持大塊也很有魄力。

非常適合與鯖魚、小番茄搭配的味噌口味！

小番茄鮪魚奶油濃湯

在小番茄+清爽鮪魚罐頭的組合中，
加入少量的牛奶，馬上能讓湯品變得濃郁滑順。

材料（一人份／300ml的燜燒罐）

小番茄 — 8顆
鮪魚罐頭 — 1/2罐（40g）
馬鈴薯 — 1/2顆
牛奶 — 2大匙
鹽 — 一小撮
橄欖油 — 2小匙
胡椒 — 少許
香芹 — 少許

作法

1. 將小番茄的蒂頭拿掉，對半切。馬鈴薯去皮後切4等份。
2. 將小番茄、橄欖油、鹽巴放入鍋裡，煮約3分鐘左右，讓水分盡量收乾。
3. 把鮪魚罐頭、馬鈴薯、150ml的水以及牛奶倒入鍋內加熱，加鹽調味，最後撒上胡椒，即可將湯品移至燜燒罐裡。用保鮮膜將香芹包起來，享用湯品時再撒上。

POINT 鮪魚罐頭含鹽，所以另外調味用的鹽不用加太多，最後的調味請視味道調整。

小番茄鯖魚罐頭羅勒湯

用水煮鯖魚罐頭做出西洋風湯品。
撒上香味強烈羅勒可以去除鯖魚的腥味。

材料（一人份／300ml的燜燒罐）

小番茄 — 3顆
茄子 — 1條
水煮鯖魚罐頭 — 1/3罐（50g）
羅勒葉 — 3片
鹽 — 1/3小匙
橄欖油 — 1大匙

作法

1. 將小番茄的蒂頭拿掉，對半切。用削皮器將茄子皮削成條紋的樣子，切2cm小塊。

2. 將小番茄、茄子、橄欖油、鹽放入鍋中，拌炒2~3分鐘。再加入鯖魚罐頭以及150ml的水，煮滾後將湯品倒入燜燒罐。

3. 用保鮮膜將羅勒葉包起來，享用湯品時再撕碎拌進湯品裡。

POINT　羅勒葉撕碎瞬間的香氣非常迷人，建議享用湯品前再放進去即可。

多彩的味道，搭配性也很高！

首先從這道料理開始吧！

茄子豬絞肉紫蘇湯

茄子切薄片口感軟嫩，很適合跟絞肉一起拌炒。
跟紫蘇清爽的風味也很搭。

材料（一人份／300ml的燜燒罐）

茄子 — 2條
豬絞肉 — 50g
紫蘇 — 3~4片
鹽 — 1/3小匙
橄欖油 — 1大匙

作法

1. 削掉茄子的皮之後切薄片。將紫蘇放進水中浸泡2~3分鐘，然後擦乾。

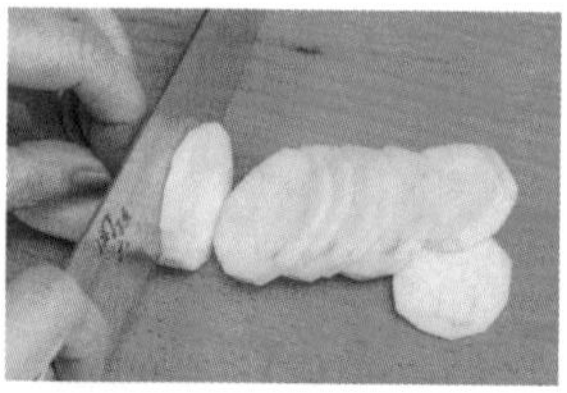

2. 橄欖油倒入鍋子加熱，將茄子炒軟。

3. 把豬絞肉、紫蘇、鹽、200ml的水一起倒入鍋子裡，煮滾後將湯品倒入燜燒罐。

POINT　一開始就用油炒茄子的話，口感吃起來會不一樣。

茄子會在口中融化~

麻婆茄子風味湯

麻婆茄子風味湯入口時會先感受到甜味，接著緊接而來的是辣椒的微辣。
茄子切不規則塊狀更能吃得到口感。

材料（一人份／300ml的燜燒罐）

茄子 — 1條
豬絞肉 — 30g
砂糖 — 1小匙
醬油 — 2小匙
太白粉 — 2小匙
芝麻油 — 1大匙
辣油 — 少許
辣椒切成圈狀 — 少許

作法

1. 去掉茄子的蒂頭，切不規則塊狀。

2. 將芝麻油倒入鍋子裡開中火，放入茄子稍微拌炒，接著把絞肉、砂糖、醬油、50ml的水放進去，拌開絞肉，煮1分鐘左右。

3. 把100ml的水倒入鍋子，將太白粉以同樣分量的水融化後也倒入鍋中，讓湯品勾芡後，再把辣油與切成圈狀的辣椒放進去，將湯品倒入燜燒罐。

POINT 絞肉稍微有些成塊的話比較有口感。喜歡吃散開的絞肉的人，可以先把絞肉跟調味料混合攪拌均勻後再倒入鍋中。

茄子豬肉異國風味湯

即使使用固定的食材，只要改變調味料與香料就能變化出新風格。
薑與香菜的香味可以大大改變湯品的印象。

材料（一人份／300ml的燜燒罐）

茄子 — 2條（130g）
豬肉 — 30g
薑 — 1片
魚露 — 1小匙
沙拉油 — 1大匙
香菜 — 少許

作法

1. 用削皮器將茄子皮削成條紋的樣子，切2cm小塊。豬肉切成方便入口的大小。
2. 將沙拉油倒入鍋子開中火，放入茄子稍微拌炒一下後，放入豬肉、薑、50ml的水，蓋上蓋子煮2分鐘。
3. 再次把100ml的水倒入鍋子加熱，最後加進魚露，將湯品倒入燜燒罐。用保鮮膜將香菜包起來，享用湯品時再放上去即可。

POINT　留下一些茄子的皮，更能吃出茄子的口感。

首先從這道料理開始吧！

秋葵蛋花湯

用茶壺就能輕鬆做好柴魚片高湯的湯品。
高湯的香味與鬆軟的雞蛋可以引起食慾。

材料（一人份／300ml的燜燒罐）

秋葵 — 5條（50g）
雞蛋 — 1顆
柴魚片 — 1包（3～4g · 或是使用顆粒狀高湯1/2小匙）
太白粉 — 1/2小匙
鹽 — 1/3小匙

作法

① 秋葵切1cm小段。用小碗將雞蛋打散，再加入太白粉攪拌均勻。

② 把柴魚片放入茶壺內倒入250ml的熱水等1分鐘左右，待柴魚片沉到茶壺底後，再將柴魚片高湯倒入鍋內，加鹽。

③ 把秋葵加入②的高湯中煮滾，再慢慢倒入蛋液，蛋花出現後關火，將湯品倒入燜燒罐。

POINT　蛋液加入少許太白粉可以做出鬆軟的蛋花

PART 2
春夏 秋葵

柴魚高湯的味道四溢

秋葵山藥湯

對腸胃很好的組合。只要加入鹽、昆布跟醬油，就能搭配出好味道。

材料（一人份／300ml的燜燒罐）

秋葵—5條

山藥—60g

鹽昆布—1大匙

鹽—1/3小匙

作法

1. 秋葵切1cm小段。山藥去皮後對半切，然後再切1cm小塊。
2. 將200ml的水、秋葵、山藥、鹽放入鍋中開中火煮滾，再放入鹽昆布，把湯品倒入燜燒罐。

秋葵雞肉蛋花湯

因為有雞肉所以不需要高湯。分量足夠又療癒身心。

材料（一人份／300ml的燜燒罐）

秋葵 — 5條

雞腿肉 — 40g

雞蛋 — 1顆

太白粉 — 1/3小匙

鹽 — 1/3小匙

作法

1. 秋葵對半斜切。雞肉切小塊。用小碗將雞蛋打散，再加入太白粉攪拌均勻。
2. 將200ml的水、雞肉放入鍋中煮滾，加鹽。
3. 把秋葵放入②煮滾，再慢慢倒入蛋液，蛋花出現後關火，將湯品倒入燜燒罐。

首先從這道料理開始吧！

青椒培根味噌湯

用味噌湯來享用青椒與培根。
青椒稍微煎焦一些更容易帶出香氣，更好吃。

材料（一人份／300ml的燜燒罐）

青椒 — 2顆
培根 — 1~2片
味噌 — 1大匙
沙拉油 — 1小匙
胡椒 — 少許

作法

1. 青椒對切後拿掉籽，再切成2cm小塊。培根切3~4cm大小。

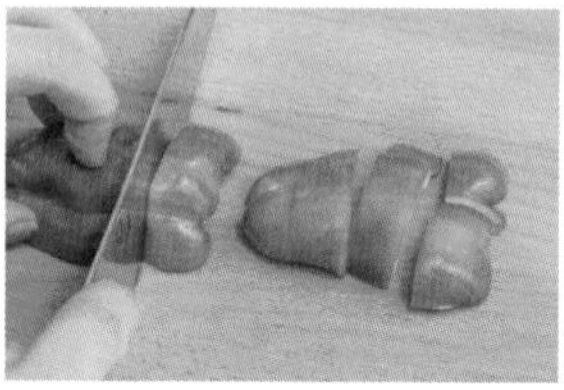

2. 沙拉油倒入鍋中開中火加熱，各花1分鐘煎青椒的表裡面。把培根與200ml的水放入鍋中煮滾。

3. 放入味噌，待味噌融化後將湯品倒入燜燒罐，最後撒上胡椒。

POINT　因為培根已有鹽分，所以調味的時候請適當調整味噌的量。

西洋風格的組合，用味噌來連結

青椒吻仔魚昆布湯

青椒的籽可以吃。吻仔魚與昆布也能煮出美味的高湯。

材料（一人份／300ml的燜燒罐）

青椒—2顆
吻仔魚—1大匙（10g）
昆布—3cm小塊
鹽—一小撮
醬油—1小匙
沙拉油—1小匙

作法

1. 青椒帶著籽對切。
2. 沙拉油倒入平底鍋中加熱，將青椒並排放入鍋內開中火，表面煎2分鐘，裡面煎1分鐘。
3. 把200ml的水、昆布、鹽、醬油、吻仔魚放入鍋裡煮滾後，將湯品倒入燜燒罐。

青椒榨菜辣味湯

榨菜美味與鹹味的湯品，低卡又健康。

材料（一人份／300ml的燜燒罐）

青椒 — 2顆
火腿 — 1~2片
榨菜 — 10g
細絲寒天 — 3g
辣油 — 少許
鹽 — 少許

作法

1. 拿掉青椒的籽，把青椒跟火腿切成一樣大小的粗絲。榨菜切成方便入口的大小。
2. 將青椒、火腿、榨菜、200ml的水放入鍋中開中火煮滾，加鹽調味。
3. 把細絲寒天放入燜燒罐裡，再將②倒入燜燒罐，加辣油。

POINT　若是一整塊的榨菜請切薄片，去掉鹽分後再使用。

青江菜

除了中華料理外，也很適合和風料理

首先從這道料理開始吧！

青江菜碎豆腐蔬菜湯

推薦給吃太多的人，少鹽的暖心一品。

材料（一人份／300ml的燜燒罐）

青江菜 — 1/2株

木棉豆腐 — 60g

薑 — 1片

鹽 — 1/3小匙

芝麻油 — 1小匙

作法

1. 青江菜縱切1/4後，再橫切3等份。薑切絲。豆腐用手捏碎後放入耐熱容器裡微波（600W）1分鐘去除水分。

2. 把所有的材料與200ml的水放入鍋中，開中火煮3~4分鐘，煮滾後倒入燜燒罐。

POINT 青江菜的長度各有不同，所以無須一定要切成3等份，只要切成容易放進燜燒罐的長度就可以了。

芝麻油與薑微微地散發出香味

青江菜豆腐清爽梅子湯

有了梅干，沒有油的湯品味道也能很有層次。

材料（一人份／300ml的燜燒罐）

青江菜 — 1/2株

木棉豆腐 — 70g

梅干 — 1個

昆布 — 3cm小塊

鹽巴 — 少許

作法

1. 青江菜縱切一半再橫切一半。豆腐切1.5cm小塊後，放入耐熱容器內微波（600W）1分鐘去除水分。
2. 把所有的材料、鹽與200ml的水放入鍋中煮滾，最後再用鹽巴調整一下味道，將湯品倒入燜燒罐。

POINT　梅干會慢慢釋放出鹽分，所以鹽不用加太多。

青江菜雞肉中華風味湯

味道豐富的中華風味湯，可以品嘗到有嚼勁的黑木耳。

材料（一人份／300ml的燜燒罐）

青江菜 — 1株
雞腿肉 — 50g
黑木耳 — 3片（用泡溫水還原）
鹽 — 一小撮
芝麻油 — 1小匙
醬油 — 1/2小匙
太白粉 — 2小匙

作法

1. 青江菜縱切3cm小段。雞肉切一口大小。
2. 把黑木耳、青江菜、雞肉放進鍋中，再加入鹽、芝麻油與50ml的水，蓋上蓋子開中火蒸煮3分鐘。
3. 倒入200ml的水煮滾，用醬油調味。太白粉用1大匙的水攪拌均勻後倒入鍋中，待勾芡出現再將湯品倒入燜燒罐。

POINT　忙碌的時候，可以把黑木耳放入水中用微波爐還原。

輕鬆就能入手的
滑菇與金針菇
味道十分鮮美

首先從這道料理開始吧！

滑菇玉米湯

滑菇與玉米的組合，是不管外觀還是味道都很棒的湯品。
使用焙茶，可以去除滑菇罐頭令人在意的味道。

材料（一人份／300ml的燜燒罐）

滑菇 — 50g
玉米罐頭 — 1罐（120g）
鹽 — 一小撮
醬油 — 1/2小匙
焙茶（可用寶特瓶裝）— 200ml

作法

1. 把滑菇與玉米（水分太多的時候，可先用瀝水盆瀝掉水分）、鹽放入鍋中，倒入焙茶開中火加熱。

2. 煮滾後轉小火煮3分鐘，用醬油調味後再將湯品倒入燜燒罐。

POINT　使用寶特瓶裝焙茶很方便。用茶包泡的麥茶來取代焙茶也OK。

用湯匙吃東西也很有趣！

金針菇玉米蛋花湯

金針菇意外能釋放出驚人的美味。
鬆軟的蛋花營造出分量感與整體感。

材料（一人份／300ml的燜燒罐）

金針菇 — 40g
玉米罐頭 — 40g
雞蛋 — 1顆
鹽 — 1/3小匙
太白粉 — 1小匙
芝麻油 — 1小匙

作法

1. 金針菇切2cm小段。把雞蛋放入小碗中打散，再加入太白粉攪拌均勻。
2. 將玉米、金針菇、200ml的水、鹽放入鍋中開中火煮滾。
3. 把蛋液慢慢地倒入鍋中，關火，加入芝麻油後將湯品倒入燜燒罐。

POINT 蛋液加太白粉可以使蛋花更為鬆軟。請攪拌均勻注意不要結塊。

滑菇雞絞肉焙茶燉飯

一粒一粒的滑菇與有嚼勁的押麥，可以享受咀嚼的樂趣。
即使沒什麼食慾，也能輕鬆享用的湯燉飯。

材料（一人份／300ml的燜燒罐）

滑菇 — 50g
雞絞肉 — 30g
押麥（乾燥）— 2大匙
鹽 — 1/3小匙
醬油 — 少許
焙茶—（可用寶特瓶裝）200ml
青蔥（蔥花）— 少許

作法

1. 將滑菇、雞絞肉、鹽放入鍋中，倒入200ml的焙茶開中火加熱。
2. 煮滾後轉小火再煮3分鐘，加入押麥。
3. 用醬油調味後將湯品倒入燜燒罐。用保鮮膜將青蔥包起來，享用湯品前再放上去即可。

POINT　用麥茶代替焙茶也很美味。

罐頭

買起來儲存備用，隨時都能做出好吃的湯品！

首先從這道料理開始吧！

豆子肉醬罐頭速食湯

兩種罐頭組合成的快速食譜。
豆子能讓肚子有飽足感，是很適合當作午餐的湯便當。

材料（一人份／300ml的燜燒罐）

綜合豆子罐頭 — 1/2罐（50g）
肉醬罐頭 — 1/2罐（150g）
牛奶 — 2大匙
胡椒 — 少許

作法

1. 將綜合豆子罐頭與肉醬、100ml的水倒入鍋中，開中火。

2. 煮滾後倒入牛奶，撒上胡椒後馬上關火，將湯品倒入燜燒罐。

POINT 只要加入少許牛奶，就能減少罐頭的特殊味道，也能讓湯品看起來不像速食品。倒入牛奶後不能煮滾太久！

豐富的豆子！

豆子義式蔬菜湯

裝了很多豆子與蔬菜，既健康又能吃很飽的湯品。

材料（一人份／300ml的燜燒罐）

綜合豆子罐頭 — 1/2罐（50g）
肉醬罐頭 — 1/2罐（150g）
高麗菜 — 50g
紅蘿蔔 — 30g
牛奶 — 2大匙
胡椒 — 少許
起司粉 — 1小匙

作法

1. 高麗菜用手撕開。紅蘿蔔切8mm的圓塊狀。
2. 將①與2大匙的水（未列入材料內）倒入鍋中，開中火，蓋上蓋子蒸煮2分鐘。
3. 將綜合豆子罐頭、肉醬與100ml的水倒入鍋中，煮3分鐘。倒入牛奶加熱，撒上胡椒後，將湯品倒入燜燒罐，撒上起司粉。

POINT 蔬菜稍微煮過後體積會縮小，可以吃很多。

番茄肉醬斜管麵

只要把材料都放進鍋中煮滾即可。超級簡單的湯義大利麵。
軟嫩的斜管麵沾滿了醬汁，非常美味。

材料（一人份／300ml的燜燒罐）

肉醬罐頭 — 1/2罐（150g）
斜管麵（乾燥）— 30g
香腸 — 1條
鹽 — 少許

作法

1. 把香腸切成一口的大小。
2. 將所有的材料與100ml的水倒入鍋中，用中火煮滾後，將湯品倒入燜燒罐。

POINT 除了斜管麵以外，用其他短義大利麵也OK。因為保溫的關係會使得義大利麵變軟，所以盡量不要使用過厚或是馬上就煮熟的類型。

食材索引表

想根據喜歡的食材以及冰箱中有的食物來選擇食譜時使用。

蔬菜・香菇

雞蛋・豆類加工食品

調味料・其他

結語

當被問「要不要寫一本湯便當的書呢?」的時候，我第一個想到的是一位上班族的年輕友人。於是我問他中午都吃些什麼呢?他告訴我，他總是坐在公司的辦公桌前，一邊滑手機看社群網站，一邊吃著從便利商店買來的飯糰或三明治。

我不禁想，若大家的午休時間不是只拿來有效率地攝取營養或是收集資訊，而是能成為「好好對待自己的時間」的話就太好了。平常都是為了工作、家事、與他人往來、或是為了別人而忙碌，偶爾有個為了自己，能夠好好面對自己身心靈的時間就太好了，我認為午休時間就是個很棒的時段。

即使是沒時間做菜的人，只要有燜燒罐就能快速地完成。早上馬上就能做好，中午只要打開蓋子，就能看到煮好的湯便當正散發出美味的香氣等著你品嘗。簡單且親手做的湯便當，不僅對身體好，效果也不僅限於只有營養，吃下熱騰騰的料理，不知道為什麼，人自然而然就會感受到自己被好好地對待了。吃東西這件事情能讓自己感受到自己被療癒了。

在藍天下的公園，若能讓忙碌的人們品嘗可以讓自己喘口氣、休息一下的湯便當，並讓午休時間成為能夠放鬆的時刻就太好了。

2019年10月　有賀薰

國家圖書館出版品預行編目資料

10分鐘OK！輕鬆做出暖心又暖胃の湯便當
/有賀薰著；林萌譯. -- 初版. -- 臺北市：皇冠文化出版有限公司, 2021.10
面； 公分. --（皇冠叢書；第4976種）(玩味；22)
譯自：朝10分でできる スープ弁当
ISBN 978-957-33-3788-1(平裝)

427.1 110014183

皇冠叢書第4976種

玩味 22

10分鐘OK！輕鬆做出暖心又暖胃の湯便當

朝10分でできる スープ弁当

ASA 10 FUN DE DEKIRU SOUP BENTO
Copyright © 2019 Kaoru Ariga
Chinese translation rights in complex characters arranged with MAGAZINE HOUSE, LTD. through Japan UNI Agency, Inc., Tokyo
Complex Chinese Characters © 2021 by Crown Publishing Company, Ltd.

作　者—有賀薰
譯　者—林萌
發 行 人—平雲
出版發行—皇冠文化出版有限公司
臺北市敦化北路120巷50號
電話◎02-2716-8888
郵撥帳號◎15261516號
皇冠出版社(香港)有限公司
香港銅鑼灣道180號百樂商業中心
19字樓1903室
電話◎2529-1778　傳真◎2527-0904
總 編 輯—許婷婷
責任編輯—平　靜
美術設計—嚴昱琳
著作完成日期—2019年
初版一刷日期—2021年10月

法律顧問—王惠光律師
有著作權・翻印必究
如有破損或裝訂錯誤，請寄回本社更換
讀者服務傳真專線◎02-27150507
電腦編號◎542022
ISBN◎978-957-33-3788-1
Printed in Taiwan
本書定價◎新台幣320元/港幣107元

● 皇冠讀樂網：www.crown.com.tw
● 皇冠Facebook：www.facebook.com/crownbook
● 皇冠 Instagram：www.instagram.com/crownbook1954/
● 小王子的編輯夢：crownbook.pixnet.net/blog